VILLE DE RENNES

JARDIN BOTANIQUE

DE

L'ÉCOLE DE MÉDECINE

CATALOGUE

RENNES
Typographie Alphonse LEROY fils
IMPRIMEUR DE LA MAIRIE.

1872

JARDIN BOTANIQUE DE L'ÉCOLE DE MÉDECINE

CATALOGUE

ACOTYLÉDONES.

Hépatiques.

1 Marchantia polymorpha.

Fougères.

2 Osmunda regalis.
3 Ceterach officinarum.
4 Polypodium vulgare.
5 Polystichum filix mas.
6 Asplenium trichomanes.
7 Asplenium adiantum nigrum.
8 Asplenium ruta muraria.
9 Scolopendrium officinale.
10 Adiantum capillus veneris.
11 — pedatum.

Lycopodiacées.

12 Lycopodium clavatum.

Equisétacées.

13 Equisetum arvense.

MONOCOTYLÉDONES.

PREMIÈRE DIVISION. — **Albuminées.**

PREMIÈRE SECTION. — GLAMACÉES.

Graminées.

14 Arundo donax.
15 Arrhenaterum bulbosum.
16 Avena sativa.
17 Cynodon dactylon.
18 Lolium temulentum.
19 Zea maïs.
20 Oryza sativa.
21 Triticum repens.
22 — vulgare.
23 Hordeum vulgare.
24 Saccharum officinarum.
25 Andropogon ischæmum.
26 Milium effusum.
27 Panicum miliaceum.

Cypéracées.

28 Cyperus lungus.
29 — esculentus.
30 Carex arenaria.

DEUXIÈME SECTION. — PÉRIANTHÉES.

Aroïdées.

31 Acorus calamus.
32 Calla palustris.
33 Dracunculus vulgaris.
34 Arum maculatum.

Colchicacées.

35 Colchicum autumnale.
36 Veratrum album.
37 — nigrum.

Liliacées.

38 Dracæna draco.
39 Asparagus officinalis.
40 Smilax aspera.
41 Ruscus aculeatus.
42 Convallaria maialis.
43 — multiflora.
44 Scilla maritima.
45 Allium sativum.
46 Lilium candidum.
47 Asphodelus albus.
48 Paris quadrifolia.

Dioscorées.

49 Tamus communis (mâle).
50 — (femelle).

Iridées.

51 Iris Germanica.
52 Iris Florentina.
53 — pseudo-acorus.
54 Crocus sativus.

Amaryllidées.

55 Galanthus nivalis.
56 Narcissus pseudo-narcissus.

DEUXIÈME DIVISION. — **Exalbuminées.**

Alismacées.

57 Butomus umbellatus.
58 Alisma plantago.

Orchidées.

59 Aceras hircina.
60 Ophrys apifera.
61 Orchis maculata.
62 — bifolia.
63 — pyramidalis.
64 — militaris.
65 — mascula.
66 — morio.

DICOTYLÉDONES.

PREMIÈRE DIVISION. — **Apétales.**

PREMIÈRE SECTION. — **DICLINES.**

A. Gymnospermes.

Conifères.

67 Cupressus sempervirens.
68 Thuya occidentalis.
69 Juniperus communis.
70 Juniperus sabina.
71 Abies pectinata.
72 — balsamica.
73 Larix Europæa.
74 Taxus baccata.

B. Angeiospermes.

Amentacées.

75 Fagus sylvatica.
76 Quercus pedunculata.
77 Corylus avellana.
78 Salix alba.
79 Populus balsamifera.
80 Juglans regia.

Urticées.

81 Urtica dioica.
82 — urens.
83 Parietaria officinalis.
84 Morus nigra.
85 Ficus carica.
86 Ulmus campestris.
87 Cannabis sativa.
88 Humulus lupulus.

Euphorbiacées.

89 Mercurialis annua.
90 — perennis.
91 Euphorbia cyparissias.
92 — lathyris.
93 — helioscopia.
94 Ricinus communis.
95 Buxus sempervirens.

Cucurbitacées.

96 Bryonia dioica.
97 Cucumis colocinthis.
98 — melo.
99 — sativus.
100 Momordica elaterium.

DEUXIÈME SECTION. — HERMAPHRODITES.

A. Exalbuminées.

Laurinées.

101 Laurus nobilis.

Thymelées.

102 Daphne gnidium.
103 — laureola.

B. Albuminées.

Aristolochiées.

104 Aristolochia clematitis.
105 — sipho.
106 Asarum Europæum.

Chénopodées.

107 Chenopodium botrys.

108 Chenopodium vulvaria.
109 — ambrosioides.
110 — bonus Hericus.
111 Beta vulgaris v. cycla.
112 — rapa.
113 Atriplex hortensis.
114 Camphorosmamonspeliaca
115 Salicornia herbacea.

Polygonées.

116 Rheum palmatum.
117 — rhaponticum.
118 Polygonum bistorta.
119 — hydropiper.
120 — aviculare.
121 Rumex patientia.
122 — acetosa.

DEUXIÈME DIVISION. — **Polypétales.**

PREMIÈRE SECTION. — **HYPOGYNES.**

A. Pleurosporées.

Violariées.

123 Viola odorata.
124 — tricolor.

Cistinées.

125 Cistus helianthemum.

Droseracées.

126 Drosera rotundifolia.
127 — intermedia.

Resedacées.

128 Reseda luteola.
129 — odorata.

Capparidées.

130 Capparis spinosa.

Crucifères.

131 Barbarea vulgaris.
132 Sisymbrium officinale.
133 — sophia.
134 — alliaria.
135 Nasturtium officinale.
136 Cardamine pratensis.
137 — amara.
138 Cochlearia armoracia.
139 — officinalis.
140 Teesdalia iberis.
141 Capsella bursa pastoris.
142 Lepidium sativum.
143 — latifolium.

144 Isatis tinctoria.
145 Hesperis hortensis.
146 Cheiranthus cheiri.
147 Coronopus vulgaris.
148 Sinapis arvensis.
149 — alba.
150 Brassica oleracea.
151 — nigra.
152 Diplotaxis muralis.
153 Raphanus sativus.

Fumariacées.

154 Corydalis claviculata.
155 Fumaria officinalis.
156 — parviflora.

Papavéracées.

157 Papaver rhæas.
158 — dubium.
159 — somniferum.
160 — argemone.
161 Chelidonium majus.
162 Sanguinaria canadensis.

B. Axosporées.

Caryophyllées.

163 Dianthus caryophyllus.
164 Saponaria officinalis.
165 Lychnis githago.
166 — flos cuculi.
167 — vespertina.

Renonculacées.

168 Clematis vitalba.
169 Thalictrum flavum.
170 Anemone pulsatilla.
171 — nemorosa.
172 Hepatica triloba.
173 Adonis vernalis.
174 Ranunculus flammula.
175 — sceleratus.
176 — acris.
177 Ficaria ranunculoïdes.
178 Caltha palustris.
179 Helleborus fœtidus.
180 — niger.
181 Nigella arvensis.
182 — sativa.
183 Aquilegia vulgaris.
184 Delphinium consolida.
185 — staphysagria.
186 Aconitum napellus.
187 Actæa spicata.
188 Pæonia officinalis.

Berbéridées.

189 Berberis vulgaris.

Coriariées.

190 Coriaria myrtifolia.

Rutacées.

191 Ruta graveoleus.
192 Dictamnus albus.

Oxalidées.

193 Oxalis acetosella.
194 — corniculata.

Linées.

195 Linum usitatissimum.
196 — catharticum.

Fropœolées.

197 Tropæolum majus.

Géraniacées.

198 Erodium moschatum.
199 Geranium Robertianum.

Tiliacées.

200 Tilia sylvestris.
201 Sparmannia Africana.

Malvacées.

202 Althæa officinalis.
203 — rosea.
204 Malva moschata.
205 — sylvestris.
206 — rotundifolia.
207 Gossypium herbaceum.

Camelliacées.

208 Thea viridis.
209 — bohea.

Hypéricinées.

210 Hypericum perforatum.
211 — androsemum.

Polygalées.

212 Polygala vulgaris.
213 — Austriaca.

Hippocastanées.

214 Æsculus hippocastanum.

Méliacées.

215 Melia azedarach.

Hespéridées.

216 Citrus limetta.
217 — limonium.
218 — vulgaris.
219 — medica.

DEUXIÈME SECTION. — **PÉRI-EPIGYNES.**

A. Pleurosporées.

Grossulariées.

220 Ribes uva crispa.
221 Ribes rubrum.
222 — nigrum.

B. Axosporées.

a. Exalbuminées.

Térébinthacées.

223 Pistacia terebinthus.
224 — lenstiscus.
225 — vera.
226 Rhus radicans.
227 Ailanthus glandulosa.

Légumineuses.

228 Acacia julibrissin.
229 Mimosa pudica.
230 Ceratonia siliqua.
231 Cassia Marylandica.
232 Lupinus albus.
233 Ononis repens.
234 Genista tinctoria.
235 — purgans.
236 Sarothamnus scoparius.
237 Cytisus laburnum.
238 Melilotus officinalis.
239 Trigonella fænum grecum.
240 Glycirrhiza glabra.
241 Indigofera macrostachya.
242 Colutea arborescens.
243 Pisum sativum.
244 Ervum leus.
245 Cicer arietinum.
246 Lathyrus sativus.
247 — nissolia.
248 Coronilla emerus.
249 Arachis hypogea.
250 Apios tuberosa.
251 Astragalus glyciphyllos.
252 Anagyris fœtida.

Rosacées.

253 Cratægus oxyacantha.
254 Mespilus Germanica.
255 Cydonia vulgaris.
256 Pyrus communis.
257 — malus.
258 Sorbus torminalis.
259 Rosa gallica.
260 — centifolia.
261 — canina.
262 Agrimonia eupatoria.
263 Alchemilla vulgaris.
264 Poterium sanguisorba.
265 Rubus fruticosus.
266 — Idæus.
267 Fragaria vesca.
268 Comarum palustre.
269 Potentilla reptans.
270 — anserina.
271 — argentea.
272 Geum urbanum.
273 Spiræa filipendula.
274 — ulmaria.
275 Amygdalus communis.
276 Prunus padus.
277 — cerasus.
278 — lauro cerasus.

b. Albuminées.

Crassulacées.

279 Umbilicus pendulinus.
280 Sedum telephium.
281 — cepæea.
282 — album.
283 — alcre.
284 Sempervivum tectorum.

Saxifragées.

285 Saxifraga tridactylites.
286 — granulata.
287 Chrysosplenium alternifolium.

Araliacées.

288 Hedera helix.

Ombellifères.

289 Hydrocotyle vulgaris.
290 Sanicula Europæa.
291 Astrantia major.
292 Cicuta virosa.
293 Apium graveolens.
294 — petroselinum.
295 Sison amomum.
296 Ammi majus.
297 Ægopodium podagraria.
298 Bunium carvi.
299 Pimpinella anisum.
300 Sium latifolium.
301 Buplevrum falcatum.
302 Ænanthe phellandrium.
303 — fistulosa.
304 — crocata.
305 Æthusa cynapium.
306 Fœniculum vulgare.
307 Levisticum officinale.
308 Angelica sylvestris.
309 Archangelica officinalis.
310 Anethum graveolens.
311 Pastinaca sativa.
312 Heracleum spondylium.
313 Daucus carota.
314 Selinum palustre.
315 Caucalis dancoides.
316 Anthriscus sylvestris.
317 Chærophyllum temulum.
318 Conium maculatum.
319 Coriandum sativum.

Rhamnées.

320 Rhamnus frangula.
321 — cathartica.
322 Zizyphus vulgaris.

Vinifères.

323 Vitis vinifera.

Celastrinées.

324 Evonymus Europæus.

TROISIÈME DIVISION. — **Monopétales.**

PREMIÈRE SECTION. — HIPOGYNES.

A. Isandrées.

Primulacées.

325 Primula officinalis.
326 — acaulis.
327 Cyclamen Europæum.
328 Lysimachia vulgaris.
329 — nummularia.

Plombaginées.

330 Plumbago Europæa.
331 Statice latifolia.

Plantaginées.

332 Plantago major.
333 — Lanceolata.
334 — coronopus.

Solanées.

335 Solanum tuberosum.
336 — nigrum.
337 — dulcamara.
338 Lycopersicum esculentum.
339 Capsicum annuum.
340 Physalis alkekengi.
341 Atropa belladona.
342 — mandragora.
343 Datura stramonium.
344 — metel.
345 Hyosciamus niger.
346 Nicotiana tabacum.
347 — rustica.
348 Verbascum thapsus.
349 — tapsiforme.
350 — nigrum.

Borraginées

351 Pulmonaria officinalis.
352 Anchusa officinalis.
353 — sempervirens.
354 Symphytum officinale.
355 Borrago officinalis.
356 Cynoglossum officinale.
357 Lithospermum officinale.
358 Echium vulgare.
359 Lycopsis arvensis.

Convolvulacées.

360 Convolvulus sepium.
361 — soldanella.
362 Cuscuta Europæa.

Gentianées.

363 Erythræa centaurium.
364 Gentiana lutea.
365 — purpurea.
366 Menyanthes trifoliata.

Asclépiadées.

367 Cynanchum acutum.
368 — — var monspel.
369 Vincetoxicum officinale.

Spocinées.

370 Vinca major.
371 — minor.
372 Nerium oleander.

Loganiacées.

373 Spigelia anthelmintica.

B. Anisandrées.

a. Corolle régulière.

Oleinées.

374 Fraxinus ornus.
375 — excelsior.
376 — rotundifolia.
377 Olea Europæa.
378 Ligustrum vulgare.
379 Jasminum officinale.
380 Phyllirea latifolia.
381 Syringa vulgaris.

Ilicinées.

382 Ilex aquifolium.

Ericinées.

383 Arbutus uredo.
384 — uva ursi.
385 Ledum palustre.
386 Erica ciliaris.
387 Rhododendrum arboreum.
388 Vaccinium myrtillus.
389 — oxycoccos.

b. Corolle irrégulière.

Globulariées.

390 Globularia alypum.

Verbenacées.

391 Vitex agnus castus.
392 Verbena officinalis.

Labiées.

393 Ajuga reptans.
394 Teucrium scorodonia.
395 — scordium.
396 — chamœdrys.
397 Ballotta nigra.
398 Lamium album.
399 Leonurus cardiaea.
400 Galeopsis ochroleuca.
401 Stachys recta.

402 Betonica officinalis.
403 Marrubium vulgare.
404 Melittis melissophyllum.
405 Nepeta cataria.
406 Glechoma hederacea.
407 Scutellaria galericulata.
408 — minor.
409 Brunella vulgaris.
410 Melissa officinalis.
411 Calamintha officinalis.
412 Satureia hortensis.
413 Thymus serpyllum.
414 — vulgaris.
415 Origanum dictamnus.
416 Hyssopus officinalis.
417 Mentha rotundifolia.
418 — viridis.
419 — aquatica.
420 — piperita.
421 — arvensis.
422 — pulegium.
423 Monarda didyma.
424 Rosmarinus officinalis.
425 Salvia sclarea.
426 — officinalis.
427 Lavandula spica.
428 — stæchas.
429 Ocymum basilicum.

Acanthacées.

430 Acanthus mollis.

Personées.

431 Scrofularia nodosa.
432 — aquatica.
433 Gratiola officinalis.
434 Digitalis purpurea.
435 Veronica beccabunga.
436 — chamædrys.
437 — officinalis.
438 Euphrasia officinalis.
439 Pedicularis palustris.
440 Melampyrum arvense.
441 Linaria vulgaris.
442 Galium cymbalaria.

DEUXIÈME SECTION. — **PÉRI-EPIGYNES.**

A. Albuminées.

Rubiacées.

443 Galium cruciatum.
444 — mollugo.
445 — aparine.
446 Rubia tinctorum.
447 Coffea Arabica.

Caprifoliacées.

448 Lonicera caprifolium.
449 — xylosteum.
450 Symphoricarpos vulgaris.
451 Sambucus nigra.
452 — ebulus.
453 Viburnum tinus.
454 — lantana.

Dipsacées.

455 Dipsacus fullonum.
456 Scabiosa arvensis.
457 — succisa.

Campanulacées.

458 Campanula trachelium.
459 — rapunculus.

Lobéliacées.

460 Lobelia urens.
461 — cardinalis.
462 — syphilitica.

B. Exalbuminées.

Valérianées.

463 Valeriana officinalis.
464 — phu.

Composées.

465 Lappa minor.
466 Cinara scolymus.
467 — carduncellus.
468 Onopordon acanthium.
469 Carthamus tinctorius.
470 Centaurea jacea.
471 — cyanus.
472 — calcitrapa.
473 Carduus marianus.
474 Cirsium arvense.
475 Carlina vulgaris.
476 Gnaphalium Germanicum.
477 Tanacetum vulgare.
478 — balsamita.
479 Artemisia abrotanum.
480 — vulgaris.
481 — camphorata.
482 — absinthium.
483 Chrysantemum parthenium.
484 Matricaria chamomilla.
485 Achillea ptarmica.
486 — millefolium.
487 Anthemis nobilis.
488 — cotula.
489 — arvensis.
490 Arnica montana.
491 Doronicum pardalianches.
492 Spilanthes oleracea.
493 Bellis perennis.
494 Calendula arvensis.

495 Calendula officinalis.
496 Tussilago farfara.
497 — petasites.
498 Eupatorium cannabinum.
499 Solidago virga aurea.
500 Inula Helenium.
501 — conyza.
502 — dyssenterica.
503 Taraxacum dens leonis.
504 Hieracium pilosella.
505 Lactuca virosa.
506 — sativa.
507 Tragopogon pratensis.
508 Chicorium intybus.
509 Hypochæris radicata.
510 Lampsana communis.
511 Scorzonera Hispanica.

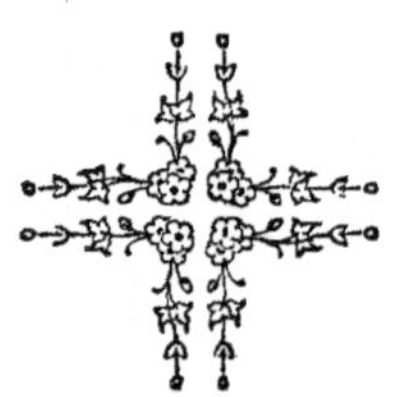

Rennes, typographie Alphonse LEROY fils, imprimeur de la Mairie.

www.ingramcontent.com/pod-product-compliance
Lightning Source LLC
LaVergne TN
LVHW050514160826
845677LV00003B/1131

* 9 7 8 2 3 2 9 6 2 6 7 7 2 *